Faouzi Sediri
Ali Moulahi

Synthèse et caractérisation de nano-objets de ZnO

Faouzi Sediri
Ali Moulahi

Synthèse et caractérisation de nano-objets de ZnO

NPs d'oxyde de zinc pour les cellules photovoltaïques

Éditions universitaires européennes

Impressum / Mentions légales

Bibliografische Information der Deutschen Nationalbibliothek: Die Deutsche Nationalbibliothek verzeichnet diese Publikation in der Deutschen Nationalbibliografie; detaillierte bibliografische Daten sind im Internet über http://dnb.d-nb.de abrufbar.
Alle in diesem Buch genannten Marken und Produktnamen unterliegen warenzeichen-, marken- oder patentrechtlichem Schutz bzw. sind Warenzeichen oder eingetragene Warenzeichen der jeweiligen Inhaber. Die Wiedergabe von Marken, Produktnamen, Gebrauchsnamen, Handelsnamen, Warenbezeichnungen u.s.w. in diesem Werk berechtigt auch ohne besondere Kennzeichnung nicht zu der Annahme, dass solche Namen im Sinne der Warenzeichen- und Markenschutzgesetzgebung als frei zu betrachten wären und daher von jedermann benutzt werden dürften.

Information bibliographique publiée par la Deutsche Nationalbibliothek: La Deutsche Nationalbibliothek inscrit cette publication à la Deutsche Nationalbibliografie; des données bibliographiques détaillées sont disponibles sur internet à l'adresse http://dnb.d-nb.de.
Toutes marques et noms de produits mentionnés dans ce livre demeurent sous la protection des marques, des marques déposées et des brevets, et sont des marques ou des marques déposées de leurs détenteurs respectifs. L'utilisation des marques, noms de produits, noms communs, noms commerciaux, descriptions de produits, etc, même sans qu'ils soient mentionnés de façon particulière dans ce livre ne signifie en aucune façon que ces noms peuvent être utilisés sans restriction à l'égard de la législation pour la protection des marques et des marques déposées et pourraient donc être utilisés par quiconque.

Coverbild / Photo de couverture: www.ingimage.com

Verlag / Editeur:
Éditions universitaires européennes
ist ein Imprint der / est une marque déposée de
OmniScriptum GmbH & Co. KG
Heinrich-Böcking-Str. 6-8, 66121 Saarbrücken, Deutschland / Allemagne
Email: info@editions-ue.com

Herstellung: siehe letzte Seite /
Impression: voir la dernière page
ISBN: 978-3-8416-6637-6

Synthèse et caractérisation
de nano-objets de ZnO

Ali MOULAHI[a] et Faouzi SEDIRI[a,b]

[a]*Laboratoire de Chimie de la Matière Condensée IPEIT, Université de Tunis,*
2 rue Jawaher Lel Nehru 1008, B. P. 229 Montfleury Tunis (Tunisia).
[b]*Faculté des Sciences de Tunis, Université de Tunis El Manar, 2092 El Manar,*
Tunis (Tunisia)

Table de matière

Introduction générale

Depuis la découverte des nanotubes de carbone par Iijima en 1991 [1], l'inspiration pour les matériaux de basse dimensionnalité ne cesse d'augmenter. L'oxyde de zinc ZnO est un semi-conducteur de structure cristalline wurtzite, présentant une énergie de gap de l'ordre de 3,37 eV à température ambiante, ainsi qu'une forte énergie de liaison exciteuse de 60 meV [2]. Ces caractéristiques lui confèrent des propriétés physico-chimiques intéressantes à l'échelle nanométrique tout en réalisant un bon candidat pour des applications dans divers domaines, comme la catalyse, l'optoélectronique, grâce à son énergie de liaison exciteuse ainsi qu'à sa stabilité mécanique et thermique [3-5].

Plusieurs procédés de synthèse permettent l'obtention de nanomatériaux de ZnO tels que la pulvérisation cathodique [6], le dépôt en phase vapeur [7], la pyrolyse [8] et le traitement hydrothermal [9]. Cependant, les applications commerciales nécessitent une méthode de synthèse simple et peu coûteuse. Ainsi, la synthèse par voie hydrothermale, permettant l'élaboration de nanoparticules de ZnO de haute qualité cristalline suivant une orientation cristallographique définie, semble être une méthode prometteuse.

Lors de notre étude, nous allons utiliser la méthode hydrothermale comme procédé de synthèse. Afin de contrôler la morphologie des particules de ZnO, un surfactant a été introduit lors de la synthèse. En effet, les surfactants sont connus pour être des agents à la fois de contrôle de morphologie et de croissance cristalline [10]. Notre étude portera plus précisément sur l'influence du surfactant sur la morphologie de ZnO et sur ses dimensions.

Le présent travail comporte trois chapitres:

Le premier chapitre est consacré à l'étude bibliographique comportant les différents travaux antérieurs sur la synthèse par voie hydrothermale de ZnO.

Dans le deuxième chapitre, on présentera la synthèse de ZnO nanobaguettes ainsi que sa caractérisation par des techniques multiples telles que: la diffraction des rayons X, la microscopie électronique en transmission, la spectroscopie d'absorption infrarouge,…

L'influence du précurseur inorganique, sur la morphologie du matériau et sur les dimensions des particules, sera rapportée dans le troisième chapitre.

Enfin, ce mémoire se termine par une conclusion générale et des perspectives.

Références

[1] S. Iijima, Nature, 354 (1991) 56-58.

[2] D. G. Thomas, J. Phys. Chem. Solids, 15 (1960) 86-96.

[3] D. Li, H. Haneda, Chemosphere, 51 (2003) 129-137.

[4] S.B. Park, Y.C. Kang, J. Aerosol Sci., 28 (1997) S473-S474.

[5] M. H. Huang, S. Mao, H. Feick, H. Yan, Y. Wu, H. Kind, E. Weber, R. Russo, and P. Yang, Science, 292 (2001) 1897-1899.

[6] G. Fu, H. Xu, S. Wang, W. Yu, W. Sun, L. Han, Physica B: Condensed Matter, 382, (2006) 17-20.

[7] X. Zhou, S. Gu, F. Qin, S. Zhu, J. Ye, S. Liu, W. Liu, R. Zhang, Y. Shi, Y. Zheng, J. Crystal Growth, 269 (2004) 362-366.

[8] Y. Ishikawa, Y. Shimizu, T. Sasaki, N. Koshizaki, J. Colloid and Interface Science, 300 (2006) 612-615.

[9] K. Sue, K. Kimura, M. Yamamoto, K. Arai, Mater. Letters, 58 (2004) 3350-3352.

[10] C. Gérardin, N. Sanson, F. Bouyer, F. Fajula, J-L.Putaux, M. Joanicot, T. Chopin, Angewandte Chemie, 42, (2003) 3681-3685.

Etude bibliographique

Les matériaux de taille nanométrique sont regroupés sous le terme "nanomatériaux". Ils sont constitués de particules dont, au moins, l'une des dimensions est inférieure à 100 nm. L'étude et l'utilisation des nanomatériaux connaissent un essor considérable en raison de leurs propriétés physico-chimiques particulières par rapport aux matériaux massifs [1, 2]. En effet, lorsque la taille d'une particule diminue, le nombre de particules par gramme augmente considérablement.

Des méthodes de synthèse, dites, de "chimie douce", ont été développées pour l'élaboration de nanomatériaux. Elles permettent d'obtenir des phases pures, homogènes, de différentes morphologies à des températures relativement basses. Parmi les procédés de synthèse de la chimie douce, on peut citer la méthode hydrothermale.

I- La méthode hydrothermale

La méthode hydrothermale est une technique d'élaboration de matériaux nanométriques, de morphologie désirée, en solution, à des températures relativement basses et sous pression autogène. La synthèse est réalisée au sein d'une bombe hydrothermale (figure 1). Celle-ci est constituée d'un corps en acier renfermant une enceinte en téflon. Le taux de remplissage et de l'ordre de 40%.

La méthode hydrothermale a été étendue pour la synthèse de nanomatériaux, en raison de son faible coût, contrôle de paramètres expérimentaux,... [3].

Parmi les avantages de la méthode hydrothermale, on peut citer:

- la température est relativement basse.

- l'accélération de la cinétique de certaines réactions par rapport à l'état solide.

- L'obtention de matériaux monodisperses, cristallisés, homogènes, nanométriques et de différentes morphologies.

- La diminution de la constante diélectrique de l'eau, ce qui permet la modification des propriétés physico-chimique de l'eau [4].

II- Elaboration de l'oxyde de zinc ZnO

Le ZnO sous forme de nanobaguettes a été élaboré par traitement hydrothermal (120 °C, 5 heures) d'un mélange de chlorure de zinc (ZnCl2), du bromure de cétyltriméthylammonium (CTAB), d'hydroxyde de potassium (KOH) et d'eau distillée [5].

Différentes morphologies d'oxyde de zinc (prismes, nonafeuillets, microsphère...) ont été rapportées [6]. Ces travaux montrent l'influence de la quantité du surfactant sur la morphologie du matériau.

S. Raghvendra et col. ont synthétisé l'oxyde de zinc par voie hydrothermale à partir d'un mélange de Zn(CH3CO2)2.2H2O, NaOH et de

CTAB [7]. Pour confirmer l'effet de surfactant sur la morphologie et la structure de ZnO, des expériences on été réalisées, sans addition de CTAB, dans les mêmes conditions expérimentales. Les résultats obtenus ont mis en évidence la formation de sphères de ZnO. Au cours du processus hydrothermal les réactions qui ont lieu sont les suivantes [7]:

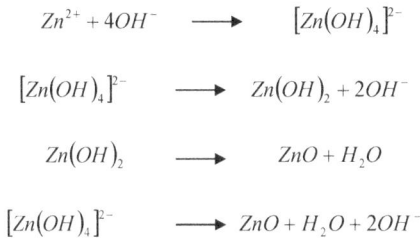

$$Zn^{2+} + 4OH^- \longrightarrow [Zn(OH)_4]^{2-}$$

$$[Zn(OH)_4]^{2-} \longrightarrow Zn(OH)_2 + 2OH^-$$

$$Zn(OH)_2 \longrightarrow ZnO + H_2O$$

$$[Zn(OH)_4]^{2-} \longrightarrow ZnO + H_2O + 2OH^-$$

ZnO sous forme de baguette a été préparé par traitement hydrothermal (200 °C, 10 heures) d'un mélange de nitrate de zinc hexahydraté ($Zn(NO_3)_2$. $6H_2O$) et de CTAB ($C_{19}H_{42}BrN$) [8].

Le traitement hydrothermal, à 180 °C pendant 2 heures, d'une solution d'acétate de zinc (Zn(CH3COO)2.2H2O) et de CTAB donne lieu à ZnO de différentes morphologies (en fonction de la quantité du surfactant) [9].

Des nanobaguettes de ZnO ont été synthétisées à partir d'un traitement hydrothermal (180 °C, 20 heures) d'un mélange de zinc métallique et de CTAB . Ces exemples montrent le rôle du surfactant, qui joue un rôle primordial sur la morphologie et la croissance cristalline du ZnO. C'est dans ce cadre, que d'autres précurseurs organiques ont été utilisés en tant qu'agents structurants, tels que le polyvinylpyrrolidone $(C_6H_9NO)_n$ (PVP), le dodécylsulfate de sodium $(C_{12}H_{25}NaO_4S)$, le polyéthylène glycol $HO(CH_2CH_2O)nH$ (PEG-400) et l'acide oléique $C_{18}H_{34}O_2$ [10].

Des microsphères de ZnO ont été préparés par un traitement hydrothermal (180°C, 2 heures) d'un mélange de $Zn(NO_3)_2.6H_2O$ et d'éthylène diamine [11]. Le traitement hydrothermal (150°C, 20 heures) d'un mélange de nitrate de zinc $(Zn (NO_3)_2.6H_2O)$ et d'hexaméthylène diamine avec différents rapports molaires, donne lieu à ZnO de dimensions nanométriques avec différentes formes, comme l'indique le modèle ci-dessous (figure 2) [12].

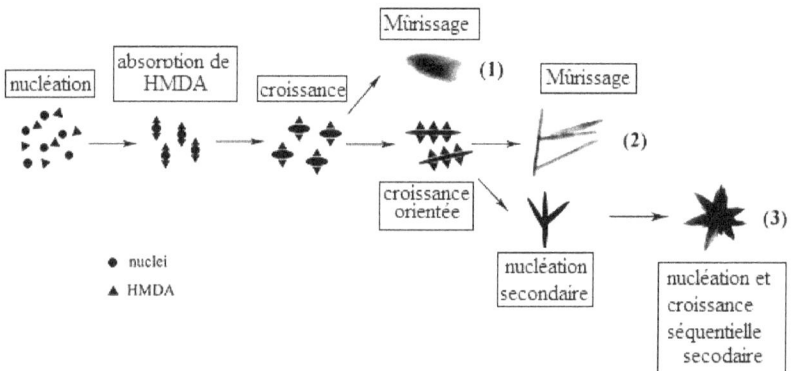

Figure 2. Schéma d'un modèle de processus
de formation de ZnO nanométrique [12].

P. Hang et col. [13] ont synthétisé l'oxyde de zinc par traitement hydrothermal (90° C, 24 heures) d'un mélange de nitrate de zinc hexahydraté et l'hexaméthylènetetramine avec et sans sels minéraux (NaCl, KCl, Na_2SO_4 ...).

Parmi les paramètres qui gouvernent la synthèse de nanoparticules de l'oxyde de zinc on trouve le pH, qui peut être ajusté par addition d'un réactif adéquat, tel que la soude (NaOH) [14, 15].

III- Propriétés de l'oxyde de zinc ZnO

1) Propriétés structurales

L'oxyde de zinc ZnO présente deux variétés allotropiques; la wurtzite et la blende [16].

La wurtzite est la variété hexagonale, thermodynamiquement stable à température ambiante. La blende est la variété cubique.

Dans ce travail, nous nous intéressons uniquement à la variété wurtzite. Celle-ci est connue sous le nom de zincite [17-19], elle cristallise dans le système hexagonale (groupe d'espace P63mc) où chaque atome d'oxygène est entouré par quatre atomes de zinc et réciproquement, avec les paramètres de maille a = 3,24 Å; c = 5,19 Å et γ = 120°. La structure wurtzite est constituée d'un empilement de couche de type ABAB.

2) Propriétés électriques

Généralement, les oxydes des métaux de transition sont caractérisés par des propriétés électroniques (conducteur, isolant, semi-conducteur, ...) qui leurs confèrent des applications potentielles [20, 21].

Les diagrammes de bandes des métaux de transition sont caractérisés par les positions relatives de la bande de valence BV (formée par des orbitales moléculaires pleines, principalement 2p de l'oxygène) et de la bande de conduction BC (formée par des orbitales moléculaires vides, généralement associée au cation métallique).

On rappelle que les structures électroniques de l'oxygène et du zinc sont les suivantes:

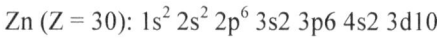

O (Z = 8): $1s^2 2s^2 2p^4$

Zn (Z = 30): $1s^2 2s^2 2p^6 3s2 3p6 4s2 3d10$

La structure électronique de l'oxyde de zinc est une donnée très importante pour comprendre ses propriétés optiques et électriques.

Les orbitales 2p de l'oxygène forment la bande de valence et les orbitales 4s du zinc constituent la bande de conduction du semi-conducteur ZnO.

L'oxyde de zinc est un semi-conducteur qui présente une bande interdite de l'ordre de 3,3 eV (Fig.4), ce qui permet de le classer parmi les semi-conducteurs à large bande interdite avec une énergie de liaison d'excitation de l'ordre de 60 meV [22, 23]. Cette valeur de bande interdite peut varier suivant le mode de préparation et le taux de dopage, entre 3,30 eV et 3,39 eV [24, 25]. Il est alors possible de modifier largement les propriétés d'oxyde de zinc par dopage.

L'oxyde de zinc est considéré comme un matériau photonique dans la région bleu [26]. En effet, l'irradiation de l'oxyde de zinc par une source ultraviolette conduit au passage d'un électron de la bande de valence à la bande de conduction et à la formation d'un trou dans la BV. Ce phénomène permet de

12

crée un paire électron-trou. L'énergie libérée conduit à l'émission d'un photon de longueur d'onde $\lambda \approx 374$ nm, c'est-à-dire une énergie de gap de 3,315 eV qui est en accord avec la valeur du gap de transition [26].

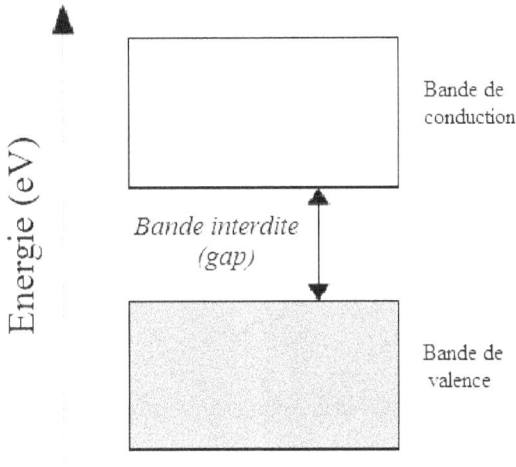

Figure 3. Schéma de bandes de l'oxyde de zinc ZnO.

3) Propriétés catalytiques et chimiques

L'aptitude d'un matériau d'être un catalyseur dans un système spécifique résulte de sa nature chimique et de ses propriétés de surface. L'efficacité de l'oxyde de zinc dépend de son mode d'élaboration. Elle est essentiellement due aux propriétés semi-conductrices (lacunes, atomes en position interstitiels, ...) [27]. L'oxyde ZnO a été utilisé en tant que capteur chimique de gaz (H_2S, CO_2, NO_2, H_2) [28, 29]. En suspension dans l'eau, il peut jouer le rôle de catalyseur

13

photochimique pour un certain nombre de réactions comme l'oxydation de l'oxygène en ozone, l'oxydation de l'ammoniaque en nitrate, la réduction du bleu de méthylène, la synthèse de peroxyde d'hydrogène, ... [30].

4) Propriétés optiques

L'interaction lumière - matière peut expliquer les propriétés optiques d'un matériau. En effet, une onde électromagnétique qui interagit avec un semi-conducteur sera complètement absorbée, si l'énergie associée à cette onde électromagnétique est capable de transférer des électrons de la bande de valence à la bande de conduction, c'est-à-dire, si cette énergie est au moins égale à celle de la largeur de bande interdite.

Sous l'action d'un faisceau lumineux de haute énergie (E > 3,37 eV) ou d'un bombardement d'électrons, l'oxyde de zinc émet des photons, c'est ce qu'on appelle la photoluminescence.

En fonction des conditions d'élaboration et des traitements ultérieurs, différentes bandes de photoluminescence ont été observées: elles vont du proche UV (380 nm), au visible (rayonnement de couleur verte de longueur d'onde proche de 550 nm).

Des travaux concernant la luminescence de l'oxyde de zinc ont été réalisés [31]. Ils montrent que le centre d'émission UV pourrait plus être une excitation et que l'émission verte est provoquée par différents défauts intrinsèques tels que les lacunes d'oxygène ou le zinc interstitiels. D'autres travaux ont montré que les défauts d'oxygène et l'insertion de zinc dans le réseau cristallin peuvent conduire à la luminescence visible [32, 33].

IV- Quelques applications de l'oxyde de zinc

Des travaux concernant des applications des semi-conducteurs à large bande interdite, comme l'oxyde de zinc ZnO, ont été développés [34-36].

Grâces à ses propriétés optiques, électriques et catalytiques l'oxyde de zinc pourrait avoir un champ d'application vaste [37, 38]. Il peut être utilisé dans l'industrie du caoutchouc. En effet, une grande quantité ajoutée, permet d'améliorer la conductibilité thermique, la résistance à la corrosion et ralentit le vieillissement du caoutchouc [39]. L'industrie de la peinture utilise ZnO car il permet d'obtenir un pouvoir couvrant, une rétention de la couleur, une durabilité et une protection contre les rayons ultraviolets [40]. Il peut être utilisé aussi dans la protection de dispositifs électroniques et notamment dans les stations électriques à haute tension [41]. L'aptitude d'absorber de la lumière UV, fait de ZnO un candidat de choix pour les crèmes solaires [42].

Références

[1] G. Chuto, P. C. Riffaud, Méd. Nuc. 6 (2010) 370-376.

[2] E. Roduner, Chem. Soc. Rev. 35 (2006) 583-592.

[3] L.Z. Pei, H.S. Zhao, W. Tan, H.Y. Yu, Y.W. Chen, Q. Zhang, Mater. Charac. 60 (2009) 1063-1067.

[4] M. Uematsu, E.U. Franck, J. Phys. Chem. 9 (1980) 1291-1306.

[5] Y.H. Ni, X.W. Wei, J.M. Hong, Y. Ye, Mater. Sci. Eng. B 121 (2005) 42-47.

[6] L. Liua, M. Gea, H. Liub, Ch. Guoa, Y. Wang, Z. Zhouc, Coll. Surf. 348 (2009) 124-129.

[7] S. Raghvendra, Y. Avinash, C. Pandey, Struct. Chem. 18 (2007) 1001-1004.

[8] P. Rai, K. Tripathy, J. Mater. Sci: Mater. Electron 20 (2009) 967-971.

[9] M. Zhao, D. Wu, J. Chang, Z. Bai, K. Jiang, Mater. Chem. Phys. 117 (2009) 422-424.

[10] J. Xu, Y. Zhang, Y. Chen, Q. Xiang, Q. Pan, L. Shi, Mater. Sci. Eng. B 150 (2008) 55-60.

[11] H. Jiang, J. Hu, F. Gu, C. Li, Particuology 7 (2009) 225-228.

[12] L.L. Wang, X. Zhang, C. Shao, X. Hong, Q. Qia, Y. Liu, Mater. Chem. Phys. 115 (2009) 547-550.

[13] P. Huang, X. Zhang, J. Wei, B. Feng, J. Alloys and Compounds 489 (2010) 614-619.

[14] T. Thongtem, A. Phuruangrat, S. Thongtem, Current Applied Physics 9

(2009) S197-S200.

[15] R.I. Wahab, S.G. Ansari, Y.S. Kim, M. Song, H. Shin, Appl. Surf. Sci.
255 (2009) 4891-4896.

[16] D. Maouche, F.S. Saoud, L. Louail, Mater. Chem. Phys. 106 (2007) 11-15.

[17] N. Pan, X. Wang, K. Zhang, H. Hu, B. Xu, Nanotechnology 16 (2005)
1069-1072.

[18] W.L. Suchanek, J. Cryst. Growth 312 (2009) 100-108.

[19] L. Feng, A. Liu, M. Liu, X. Ma, J. Wei, B. Man, J. Alloys and compounds
492 (2010) 427-432.

[20] D.P. Singh, J. Singh, P.R. Mishra, R.S. Tiwari, O.N. Srivastava, Bull.
Mater. Sci. 31 (2008) 319-325.

[21] M. Yang, L. Li, S. Zhang, G. Li, H. Zhao, Sens. Actuators B 147 (2010)
622-628.

[22] H.Y. Xu, H. Wang, Y.C. Zhang, W.L. We, M.K. Zhu, B. Wang, H. Yan,
Ceram. Int. 30 (2004) 93-97.

[23] H. Jiang, J. Hu, F. Gu, C. Li, Particuology 7 (2009) 225-228.

[24] F. Ng-Cheng-Chin, M. Roslin, Z.H. Gu, T.Z. Fahidy, J. Phys. 31 (1998)
L71-L72.

[25] M.T. Mohammad, A.A. Hashin, M.H.A. Maamory, J. Chem. Phys 99
(2006) 382-387.

[26] T. Ghoshal, S. Kar, J. Ghatak, S. Chaudhuri, Mater. Res. Bull. 43 (2008)
2228-2238.

[27] H.Y. Yanga, S.H. Leeb, T.W. Kima, Appl. Surf. Sci. 256 (2010) 6117-6120.

[28] L. Liao, H.B. Lu, M. Suai, J.C. Li, Y.L. Liu, C. Liu, Z.X. Shen, T. Yu, Nanotechnology 19 (2008) 175501-175506.

[29] X. Jiaqiang, C. Yuping, L. Yadong, S. Jianian, J. Mater. Sci. 40 (2005) 2919-2921.

[30] C.Kaeunakaran, P. Anilkumar, G. Manikandan, P. Gomothisankar, Sol. Energy. Mater. Sol. Cells 94 (2010) 900-906.

[31] P.G. Li, W.H. Tang, X. Wang, J. Alloys and Compounds. 479 (2009) 634-637.

[32] B.P. Jiang, J.J. Zhou, H.F. Fang, C.Y. Wang, S.S. Xie, Adv. Mater. 17 (2007) 1303-1310.

[33] J.H. Yang, J.H. Zheng, H.J. Zhai, L.L. Yang, Y.J. Zhang, J.H. Lang, M. Gao, J. Alloys and Compounds 475 (2009) 741-744.

[34] A.B. Murphya, Sol. Energy Mater. Sol Cells 91 (2007) 1326-1337.

[35] S. Krishnamurthy, A.B. Chen, A. Sher, J. Appl. Phys. 80 (1996) 4045-4048.

[36] G. Shen, J.H. Cho, C.J. Lee, Chem. Phys. Lett. 401 (2005) 414-419.

[37] B.S. Devaramani, Y.S. Ramaswamy, B.A. Manjasetty, T.R.G. Nair, International Conference on Frontiers in Chemical Research (ICFCR), 2008.

[38] L. Lin, M. Fuji, H .Watanabe, T.S.M. Takahashi, Ceramics Research Center

    annual basis 8 (2008) 17-22.

[39] E.G. Nebukina, A.A. Arshakuni, S.P. Gubin, J. Inorg. Chem. 54 (2009)

    1685-1688.

[40] S. Kathirvelu, L.D. Souza, B. Dhurai, Indian Journal of Fibre and Textile

    Research 34 (2009) 267-273.

[41] K. Omar, M.D.J. Ooi, M.M. Hassin, Modern Applied Science 3 (2009)

    110-116.

[42] N. Serpane, D. Dondi, A. Albini, Inorg. Chim. Acta 360 (2007) 794-802.

Nanobaguettes de ZnO

I- Introduction

Depuis la découverte des nanotubes de carbone par Iijima [1], la synthèse et la caractérisation de nanomatériaux de différentes morphologies tels que les nanobaguettes, les nanorubans, ... ne cessent de se développer [2-4]. Ceux-ci ont reçu une énorme attention en raison de leurs larges domaines d'application [5-10].

L'oxyde de zinc ZnO est un semi-conducteur de structure cristalline wurtzite, présentant un gap de l'ordre de 3,37 eV, ce qui lui confère des propriétés physico-chimiques intéressantes à l'échelle nanométrique [11-14]. La méthode hydrothermale est largement utilisée pour la synthèse de l'oxyde de zinc de différentes morphologies [15].

Ce chapitre présente la synthèse hydrothermale et la caractérisation des nanobaguettes de ZnO, en utilisant le chlorure de zinc ($ZnCl_2$) et le Bromure de cétyltriméthylammonium (CTAB), comme des précurseurs inorganique et organique, respectivement. Le matériau a été caractérisé par diffraction des rayons X, microscopies électroniques à balayage et en transmission, spectroscopie d'absorption infrarouge, spectroscopies à dispersion d'énergie des rayons X et UV-visible.

II- Synthèse hydrothermale

La synthèse a été réalisée à partir d'un mélange de $ZnCl_2$ (0,075 g), du bromure de cétyltriméthylammonium (0,2 g), d'hydroxyde de sodium (0,044 g) et d'eau distillée (10 mL). Le mélange a été placé dans une bombe hydrothermale et chauffé à 180 °C sous une pression autogène pendant 3 heures. Le précipité obtenu a été filtré, lavé avec de l'eau distillée et de l'éthanol puis séché sous air à 60 °C.

III- Résultats et discussion

1) Diffraction des rayons X

Le diffractogramme de poudre (figure 1) est réalisé sur un diffractomètre Panalytical X'Pert Pro en utilisant la radiation CuKα (λ = 1,54056 Å). Les paramètres d'acquisition utilisés sont : l'angle 2θ initial = 20°, l'angle 2θ final = 70°, le pas de comptage = 0,02° et le temps à chaque pas =1,6 s.

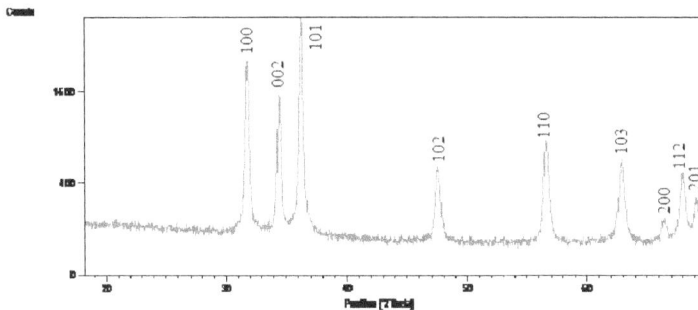

Figure 1. Diffractogramme des rayons X de ZnO.

La figure 1 représente le diffractogramme de la poudre blanche obtenue après traitement hydrothermal. L'analyse de celui-ci montre que le matériau est de cristallinité élevée et que les pics de diffraction sont caractéristiques de ZnO hexagonal (fiche ASTM 89-1397). Aucun pic de toutes autres phases ou impuretés n'a été détecté, ce qui indique la pureté du matériau.

La taille moyenne des particules a été déterminée par la mesure de la largeur à mi-hauteur des pics de diffraction, en utilisant la relation de Debye Scherrer suivante:

$$D = \frac{0,9.\lambda}{\beta.\cos\theta}$$

avec:

D: taille des particules en Å,

λ: longueur d'onde de la radiation utilisée (CuKα=1,5056 Å),

β: largeur à mi-hauteur exprimée en radian,

θ: position du pic de diffraction considéré.

L'analyse de ces résultats montre que la taille moyenne des particules est de l'ordre de 60 nm.

L'affinement des paramètres de la maille a été réalisé en utilisant le programme WINCELL. Les résultats obtenus sont regroupés dans le tableau 1.

Tableau 1. Données tirées du diffractogramme des rayons X de la figure 1.

$$a = b = 3,245(2) \text{ Å} \qquad c = 5,207(2) \text{ Å}$$

$$\alpha = \beta = 90° \qquad \gamma = 119,810(2)°$$

avec un facteur de reliabilité R = 0,0004.

hkl	$2\theta_{(obs)}$	$2\theta_{(calc)}$	différence	I/I_0
100	31,747	31,761	-0,023	66
002	34,426	34,418	-0,002	46
101	36,285	36,246	0,030	100
102	47,527	47,531	0,014	16
110	56,532	56,522	0,000	23
103	62,864	62,847	0,007	18
200	66,401	66,358	0,033	3
112	68,885	67,876	0,000	14
201	69,045	69,068	0,033	7

2) Microscopie électronique à balayage (MEB)

La morphologie du matériau a été étudiée par microscopie électronique à balayage. L'appareil utilisé est un instrument Cambridge-Stéréoscan 120.

L'analyse de la photo de la microscopie électronique à balayage du matériau (figure 2), montre qu'il est constitué d'une phase homogène avec des particules de taille uniforme ayant la forme de baguette de longueur de l'ordre de quelques μm.

Figure 2. Photo MEB du ZnO.

3) Microscopie électronique en transmission (MET)

La figure 3 représente des photos de la poudre blanche obtenue après traitement hydrothermal, réalisés par microscopie électronique en transmission. Le microscope utilisé est du type Tecnai G 20.

L'analyse des photos de microscopie électronique en transmission des échantillons, montre que le matériau présente une morphologie de nanobaguette. Les dimensions de celle-ci sont de l'ordre de 50 nm (figure 3).

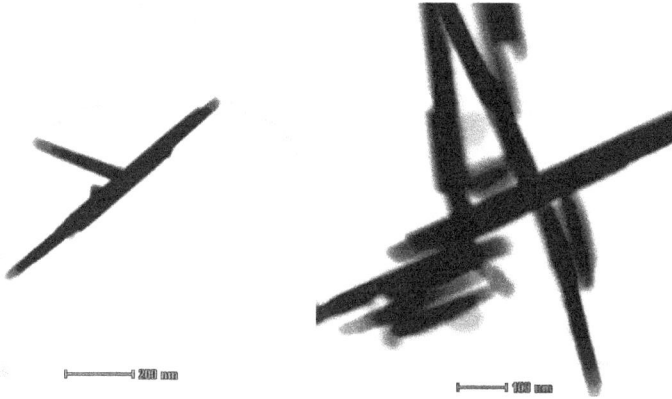

Figure 3. Photos MET du matériau.

L'analyse par spectroscopie à dispersion d'énergie des rayons X a révélé l'existence des éléments attendus: le zinc et l'oxygène (figure 4).

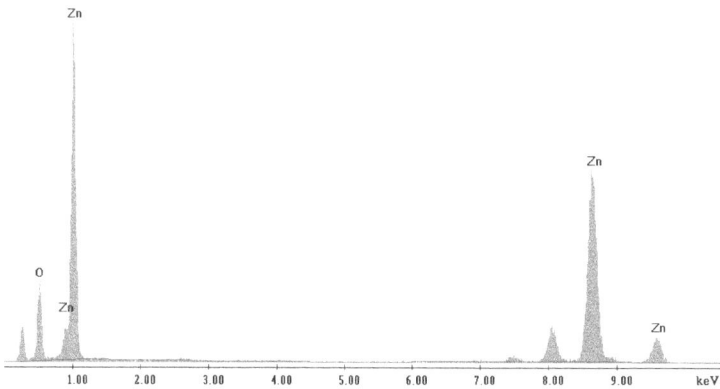

Figure 4. Spectre de dispersion d'énergie des rayons X (EDX)

Elément	% massique	% atomique
O K	23.0	55.0
Zn K	77.0	45.0
Total	100.0	100.0

L'examen du spectre de dispersion d'énergie des rayons X montre que le pourcentage de zinc est presque égal à celui de l'oxygène. Celui-ci confirme les résultats obtenus par diffraction des rayons X.

4) Spectroscopie d'absorption infrarouge

L'appareil infrarouge utilisé est un spectromètre Nicolet 380 à transformée de Fourier (FT-IR) fonctionnel dans l'intervalle de nombre d'onde 400 - 4000 cm^{-1}. Les spectres infrarouge sont réalisés sur des pastilles obtenues par dispersion du produit dans le KBr.

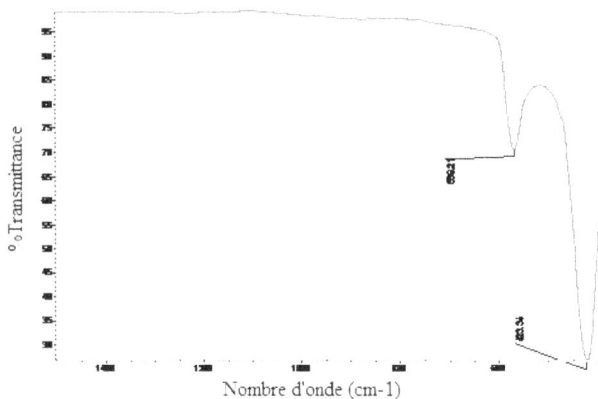

Figure 5. Spectre IR de ZnO.

Le spectre d'absorption infrarouge du matériau est représenté par la figure 5. L'analyse du spectre montre l'existence de deux bandes relative aux différents modes de vibration zinc-oxygène entre 400 et 600 cm^{-1}. En effet, les bandes situées vers 569 cm^{-1} et 423 cm^{-1} qui sont respectivement attribuées aux vibrations d'élongation et de déformation du vibrateur Zn-O [16, 17].

5) Spectroscopie UV-visible

Les propriétés optiques de l'échantillon ZnO ont été étudiées par spectroscopie d'absorption UV-visible en utilisant l'appareil du type Hach RD/4000. Le spectre d'absorption UV-visible des nanobaguettes de ZnO est représenté par la figure 6. L'analyse de celui-ci montre la présence d'une bande d'excitation située vers 373 nm. Cette valeur permet de déduire une énergie de

27

gap Eg = 3,32 eV, caractéristique de la phase hexagonale wurtzite et qui est en accord avec celle décrite dans la littérature [18, 19].

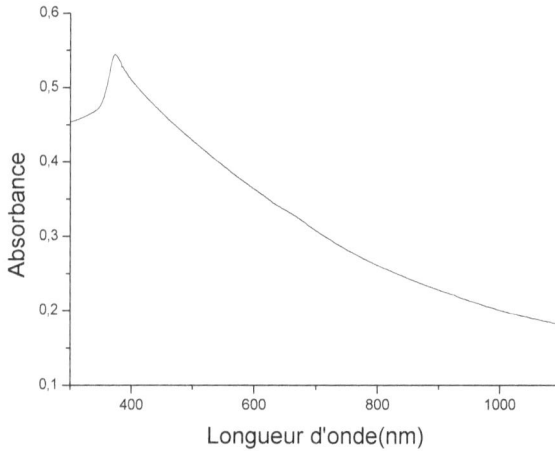

Figure 6. Spectre UV-visible des nanobaguettes de ZnO.

IV- Conclusion

Des nanobaguettes de ZnO ont été élaborées par une méthode simple et peu coûteuse, en utilisant $ZnCl_2$ comme source de zinc et le cétyltriméthylammonium en tant qu'agent structurant. Les résultats de la caractérisation montrent que les nanobaguettes ont une largeur de l'ordre de 50 nm, une longueur moyenne de quelques micromètres et une énergie de gap de l'ordre de 3,3 eV.

En se basant sur cette étude, on pourrait donner une interprétation de la formation de ces nanobaguettes. Il semble qu'une structure lamellaire d'un précurseur hybride organique-inorganique, est formée, avant le traitement hydrothermal. Le caractère hydrophobe du surfactant (cétyltriméthylammonuim) rend l'immobilisation difficile de la structure lamellaire. La stabilité de celle-ci est probablement assurée par la présence du surfactant intercalé entre les couches d'oxyde de zinc. Au cours du traitement hydrothermal, les molécules de surfactant se désintercalent progressivement et les feuillets se subdivisent pour donner lieu à des nanobaguettes.

Références

[1] S. Iijima, Nature 354 (1991) 56.

[2] F. Liua, P.J. Caoa, H.R. Zhanga, C.M. Shena, Z. Wanga, J.Q. Lia, H.J Gaoa, J. Cryst. Growth 274 (2005) 126-131.

[3] G. Sun, M. Cao, Y. Wang, C. Hu, Y. Liu, L. Ren, Z. Pu, J. Mater. Lett. 60 (2006) 2777-2782.

[4] S. Salmaoui, F. Sediri, N. Gharbi, Polyhedron 29 (2010) 1771-1775.

[5] O. Lupan, V.V. Ursaki, G. Chai, L. Chow, G.A. Emelchenko, I.M. Tiginyanu, A.N. Gruzintsev, A.N. Redkin, Sens. Actuators B 144 (2010) 56-66.

[6] T. Gao, T.H. Wang, Appl. Phys. A 80 (2005) 1451-1454.

[7] J. Rajeswari, P.S. Kishore, B. Viswanathan, T.K. Varadarajan, Electrochem. Commun. 11 (2009) 572-575.

[8] N. Ding, X. Feng, S. Liu, J. Xu, X. Fang, I. Lieberwirth, C. Chen, Electrochem. Commun. 11 (2009) 538-541.

[9] J.J. Vora, S.K. Chauhan, K.C. Parmar, S.B. Vasava, S. Sharma, L.S. Bhutadiya, J. Chem. 6 (2009) 531-536.

[10] N. Sekine, C.H. Chou, W.L. Kwan, Y. Yang, Organic Electronics 10 (2009) 1473-1477.

[11] R. Chakrabotry, U. Das, D. Mahanta, A. Choudhury, J. Phys. 83 (2009) 553-558.

[12] S. Maensiria, P. Laokula, V. Promarak, J. Cryst. Growth 289 (2006)

102-106.

[13] M.S. Akhtara, M.A. Khana, M.S. Jeonb, O.B .Yanga, Electrochim. Acta 53 (2008) 7869-7874.

[14] Y. Li, J. Gong, Y. Deng, Sens. Actuator A 158 (2010) 176-182.

[15] B. Shouli, C. Liangyuan, L. Dianqing, Y. Wensheng, Y. Pengcheng, L. Zhiyong, C. Aifan, C.C. Liu, Sens. Actuator B 146 (2010) 129-137.

[16] L. Wu, Y. Wu, W. Lu, Physica E 28 (2005) 76-82.

[17] S. Anas, R.V. Mangalaraja, S. Ananthakumar, J. Hazard. Mater. 175 (2010) 889-895.

[18] L. Tang, X.B. Bao, H. Zhou, A.H. Yuan, Physica E 40 (2008) 924-928.

[19] R. Wahab, S.G. Ansari, Y.S. Kim, M. Song, H.S. Shin, Appl. Surf. Sci. 255 (2009) 4891-4896.

Nanoellipsoïdes de ZnO

I- Introduction

L'oxyde de zinc ZnO présente des propriétés optique et électrique intéressantes [1-4]. Ces propriétés dépendent de la morphologie, de la taille des particules et de la cristallinité du matériau. Elles sont étroitement liées à la méthode de synthèse [5-8]. En effet, l'oxyde de zinc préparé par "chimie douce", montre une meilleure propriété optique, par rapport à celui préparé par d'autres méthodes classiques [9-11].

Ce chapitre rapporte une nouvelle préparation de nanoellipsoïdes d'oxyde de zinc, en utilisant le bromure de cétyltriméthylammonuim et le nitrate de zinc ($Zn(NO_3)_2.6H_2O$). Nous avons ainsi déterminé les conditions hydrothermales optimales d'obtention ZnO hexagonal sous forme d'ellipse de dimensions nanométriques.

La caractérisation du matériau a été réalisée par diffraction des rayons X, microscopie électronique à balayage, spectroscopie d'absorption infrarouge, spectroscopie de diffusion Raman et spectroscopie UV-visible.

II- Partie expérimentale

La préparation a été effectuée à partir d'un mélange de $Zn(NO_3)_2.6H_2O$, bromure de cétyltriméthylammonium et d'eau en milieu basique. Le mélange est chauffé dans des conditions hydrothermales (180°C, pression autogène) dans une bombe en acier de type Parr avec chemisage en téflon pendant 3 heures. Le mélange obtenu est constitué de phases hétérogènes (liquide et précipité). Le précipité obtenu a été récupéré par filtration, lavé avec l'acétone pour éliminer les traces du composé organique, séché à 80 °C puis caractérisé par des techniques multiples.

Dans le but d'étudier l'influence de la quantité du structurant organique sur la morphologie et la taille des particules de ZnO, nous avons entrepris une étude en fonction du rapport molaire $R = \dfrac{n_{précurseur\ organique}}{n_{précurseur\ inorganique}}$, en gardant les mêmes conditions expérimentales. En effet, des préparations ont été réalisées avec des rapports R = 0,5 (échantillon A1) et R=1 (échantillon A2).

III- Résultats et discussion

1) Diffraction des rayons X

Les diffractogrammes des rayons X ont été réalisés sur un diffractomètre Panalytical X'Pert Pro en utilisant la radiation CuKα (λ = 1,54056 Å). Les paramètres d'acquisition utilisés sont : l'angle 2θ initial = 10°, l'angle 2θ final = 70°, le pas de comptage = 0,02° et le temps à chaque pas =1,6 s.

La poudre blanche obtenue après traitement hydrothermal et pour des rapports molaires R = 0,5 et 1 a été caractérisée par diffraction des rayons X.

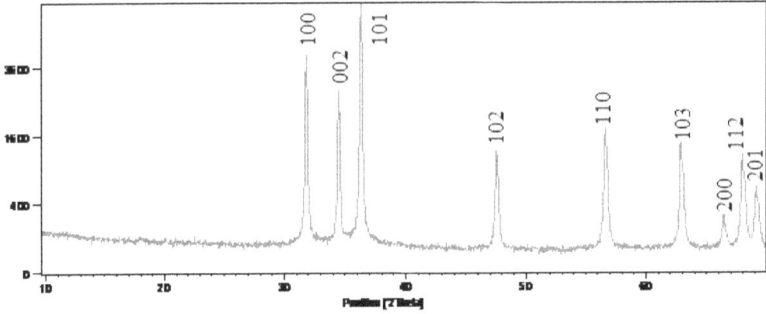

Figure 1. Diffractogramme des rayons X du matériau A1 (R = 0,5).

L'analyse des diffractogrammes obtenus (figures 1 et 2) montre qu'il s'agit de la même phase cristalline ZnO hexagonale de type wurtzite de cristallinité élevée (fiche ASTM 36- 1451) [12-14]. Aucun pic de toutes autres phases ou impuretés n'a été détecté. Ce résultat implique la haute pureté des matériaux élaborés.

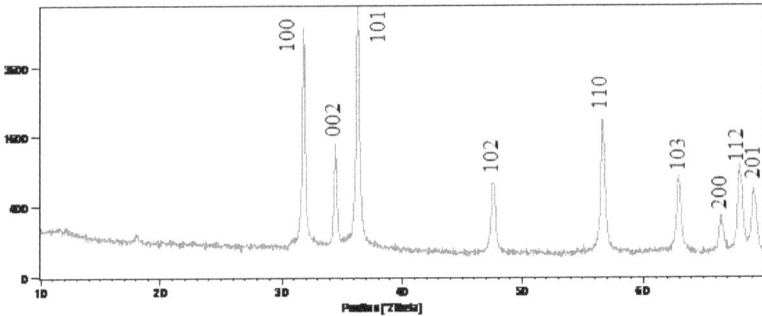

Figure 2. Diffractogramme des rayons X du matériau A2 (R = 1).

La taille des particules du matériau peut être estimée à partir de l'équation de Debye Scherrer appliquée sur le pic (002) [15, 16]. Les tailles moyennes des particules ainsi que les largeurs à mi-hauteur du pic préférentiel à la croissance cristalline sont groupées dans le tableau 1 suivant:

Tableau 1. Taille moyenne des particules de ZnO.

Matériaux	Pics caractéristiques	β	D (nm)
A1	(002)	0,1224	68
A2	(002)	0,1171	71

L'affinement des paramètres de la maille en utilisant le programme WINCELL conduit aux résultats regroupés dans les tableaux 2 et 3.

35

Tableau 2. Données tirées du diffractogramme des rayons X de A1.

$$a = b = 2,333(2) \text{ Å} \qquad c = 5,181(2) \text{ Å}$$

$$\alpha = \beta = 90° \qquad \gamma = 120,000(2)°$$

avec un facteur de reliabilité R = 0,0002

hkl	$2\theta_{(obs)}$	$2\theta_{(calc)}$	différence	I/I_0
100	31,800	31,750	0,005	65
002	34,450	34,392	0,013	46
101	36,270	36,230	-0,005	100
102	47,530	47,504	-0,019	18
110	56,590	56,560	-0,015	27
103	62,850	62,804	0,001	22
200	66,370	66,334	-0,009	3
112	67,930	67,899	-0,014	18
201	69,100	69,040	0,014	9

Tableau 3. Données tirées du diffractogramme des rayons X de l'échantllion A2.

$$a = b = 3{,}282(2) \text{ Å} \qquad c = 5{,}256(2) \text{ Å}$$

$$\alpha = \beta = 90° \qquad \gamma = 120{,}000(2)°$$

avec un facteur de reliabilité R = 0,0004

hkl	$2\theta_{(obs)}$	$2\theta_{(calc)}$	différence	I/I_0
100	31,796	31,734	0,004	81
002	34,447	34,397	-0,009	22
101	36,284	36,217	0,009	100
102	47,553	47,496	-0,001	12
110	56,608	56,530	0,020	33
103	62,862	62,801	0,002	12
200	66,386	66,296	0,031	4
112	68,981	67,874	0,049	16
201	69,027	69,005	-0,036	8

2) *Microscopie électronique à balayage*

Plusieurs préparations ont été réalisées pour étudier l'effet de la quantité du précurseur organique sur la morphologie et la taille des particules du matériau. Les échantillons obtenus après traitement hydrothermal à 180 °C pour des rapports molaires R = 0,5 et 1 ont été analysés par microscopie électronique à balayage. Les micrographes des échantillons A1 (R = 0,5) et A2 (R = 1) ont été réalisés à l'aide d'un appareil Cambridge-Stéréoscan 120 (figures 3 et 4).

L'analyse des micrographes de la microcopie électronique à balayage de A1 (figures 3a et 3b) montre que le matériau est formé d'une phase homogène, constituée de particules uniformes dont la morphologie est celle de bâtonnets de section hexagonale de taille moyenne de l'ordre de 95 nm.

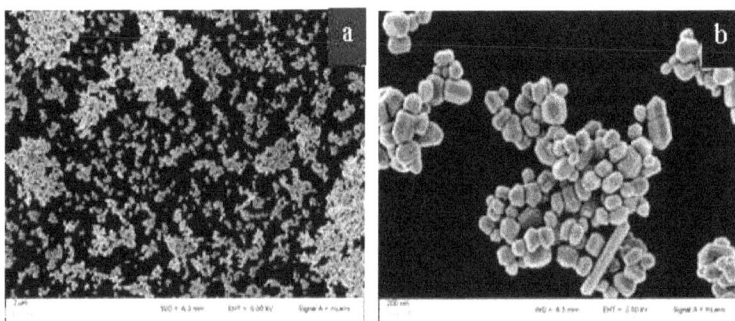

Figure 3. Photos MEB de l'échantillon A1.

L'observation par microscope électronique à balayage (figure 4) d'un échantillon de A2 révèle que le matériau (figures 4a et 4b) est formé d'une phase homogène, constituée de particules uniformes ayant la forme d'ellipse de taille moyenne de l'ordre de 90 nm. Il semble que la quantité du précurseur organique joue un rôle critique sur la morphologie et la taille des particules.

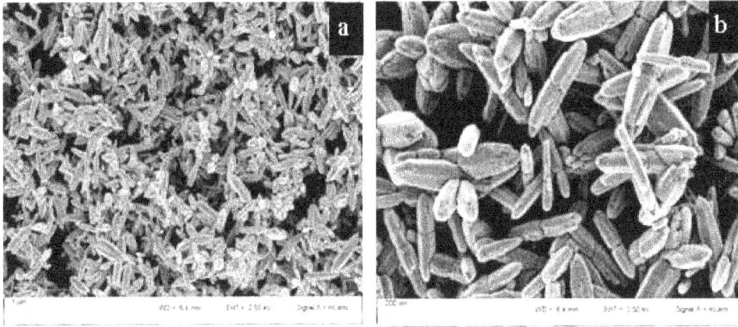

Figure 4. Photos MEB de l'échantillon A2.

3) Spectroscopie d'absorption infrarouge

La spectroscopie d'absorption infrarouge à transformée de Fourier est une méthode d'analyse qui permet de fournir des informations sur le matériau. Elle permet de caractériser et d'évaluer l'apparition et la disparition des fonctions chimiques à partir des modes de vibration des liaisons chimiques.

Les spectres infrarouge ont été obtenus en utilisant un spectromètre Nicolet 380 à transformée de Fourier (FT-IR) travaillant de 400 à 4000 cm^{-1}. Les spectres infrarouges ont été réalisés sur des pastilles obtenues par dispersion du produit dans le KBr. L'analyse des résultats montre que les spectres des matériaux A1 et A2 sont semblables. La figure 5 représente le spectre d'absorption infrarouge du matériau A2 dans le domaine 400 - 1200 cm^{-1}.

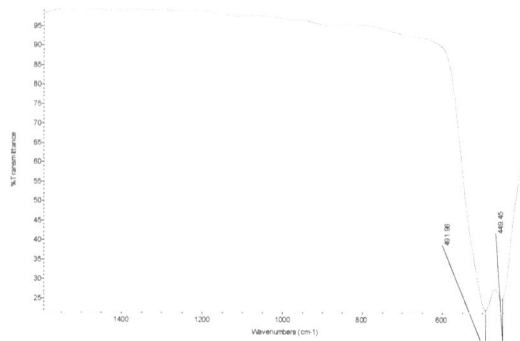

Figure 5. Spectre d'absorption infrarouge de l'échantillon A2.

L'analyse du spectre de la figure 5 montre la présence deux bandes situées vers 449 et 491 cm^{-1}. Celles-ci sont assignées aux modes de vibration du vibrateur Zn-O, caractéristiques de l'oxyde de zinc ZnO [17].

4) Spectroscopie Raman

Le spectre Raman du matériau A2 (figure 6) a été réalisé en utilisant un spectromètre Jobin Yvon T 64000. L'analyse du spectre de la figure 6 montre la présence d'un pic intense situé vers 438 cm^{-1} qui correspond au mode de vibration E_2 (H) caractéristique de la phase ZnO hexagonale de type wurtzite [18]. Le pic situé à 333 cm^{-1} est attribué au mode de vibration $2E_2$ [19]. Les pics situés à 538 et 643 cm^{-1} sont assignés, respectivement, aux modes de vibrations A_1 (LO) et aux multiples phonons [19].

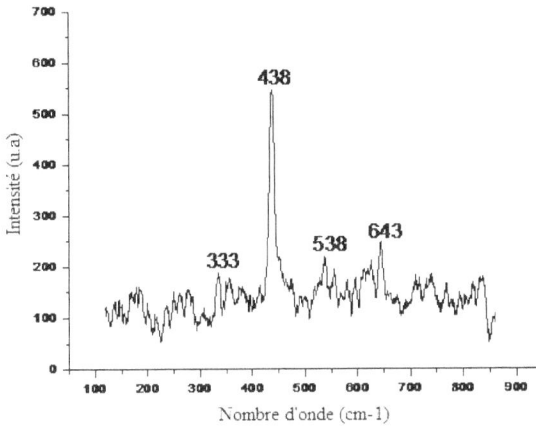

Figure 5. Spectre Raman des nanoellipsoïdes de ZnO.

5) *Spectroscopie UV-visible*

Le spectre UV-visible du ZnO nanoellipsoïdes préparé pur R = 1 (figure 6) montre une bande d'absorption dont le sommet situé vers 382 nm. Il est connu que ZnO massif est caractérisé par une absorption à 387 nm (3,2 eV) dans le spectre UV-visible. Cette valeur est évidemment plus grande que celle du ZnO nanoellipsoïdes (382 nm) que nous avons préparés. En comparaison du ZnO dense, le changement observé dans ZnO nanoellipsoïdes peut être dû à l'effet de taille [20].

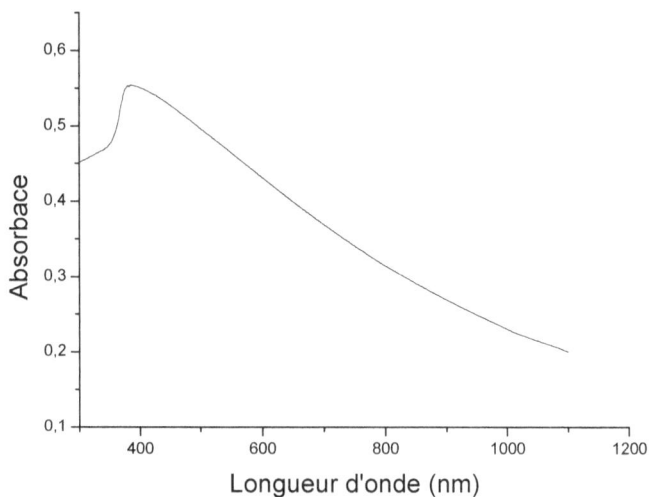

Figure 6. Spectre d'absorption UV-visible de l'échantillon A2.

IV- Conclusion

Nous avons déterminé les conditions hydrothermales pour synthétiser ZnO hexagonal sous la forme d'ovoïdes nanométriques, de cristallinité et de pureté élevées. Cette méthode de préparation présente des avantages par rapport aux méthodes classiques pour la préparation de nanomatériaux de morphologie désirée.

Récemment, nous avons montré que la présence, dans le système, de molécules organiques telles que les agents tensioactifs permet de contrôler la morphologie et la taille des particules constituant le matériau [21, 22]. Dans cette étude, nous avons montré que le surfactant a joué le rôle de structurant pour conduire à la formation de nanoellipsoïdes de ZnO.

Il est à noter que ce travail a mis en évidence l'effet de la morphologie et de la taille des particules constituant le matériau sur la valeur de l'énergie de gap. Ces nanomatériaux pourraient être utilisés dans le domaine de l'optique.

Références

[1] B.C. Yadav, R. Srivastava, C.D. Dwivedi, P. Pramanik, Sens. Actuators B 131 (2008) 216-222.

[2] Y. Xu, K. Yu, J. Wu, J. Xu, D. Shang, Z. Zhu, Appl. Surf. Sci 255 (2009) 6487-6492.

[3] B. Shouli, C. Liangyuan, L. Dianqing, Y. Wensheng, Y. Pengcheng, L. Zhiyong, C. Aifan, C.C. Liu, Sens. Actuators B 146 (2010) 129-137.

[4] H. Jin, Y. Li, J. Li, C. Gu, Microelectronic Engineering 86 (2009) 1159-1161.

[5] V.K. Ivanov, A.S. Shaporev, F.Y. Sharikov, A.Y. Baranchikov, Superlattices and Microstructures 42 (2007) 421-424.

[6] J. Chen, H. Deng, M. Wei, Mater. Sci. Eng. B 163 (2009) 157-160.

[7] B.C. Yadav, R. Srivastava, C.D. Dwivedi, P. Pramanik, Sens. Actuators B 131 (2008) 216-222.

[8] Q. Xiao, Powder Technology 189 (2009) 103-107.

[9] J. Ge, B.Tang, L. Zhuo. Z. Shi, Nanotechnology 17 (2006) 1316-1322.

[10] U.N. Maiti, S. Nandy, S. Karan, B. Mallik, K.K. Chattopadhyay, Appl. Surf. Sci 254 (2008) 7266-7271.

[11] J. Chen, W. Lei, W. Chai, Z. Zhang, C. Li, X. Zhang, Solid State Electron 52 (2008) 294-298.

[12] Q. Yang, W. Hu, Ceramics International 36 (2010) 989-993.

[13] Y. Tao, M. Fu, A. Zhao, D. He, Y. Wang, J. Alloys and Compounds 489

(2010) 99-102.

[14] A. Al-Hajry, A. Umar, Y.B. Hahn, D.H. Kim, Superlattices and Microstructures 45 (2009) 529-534.

[15] Z. Yang, Y. Huang, G. Chen, Z. Guo, S. Cheng, S. Huang Sens. Actuators B 140 (2009) 549-556.

[16] C.L. Kuo, C.L. Wang, H.H. Ko, W.S Hwang, K. Chang, W.L. Li, H.H. Huang, Y.H. Chang, M.C. Wang, Ceram. International 36 (2010) 693-698.

[17] F. Gu, S.F. Wang, M.K. Lu, G.J. Zhou, D. Xu, D.R. Yuan, Langmuir 20 (2004) 3528-3531

[18] J.H. Yang, J.H. Zheng, H.J. Zhai, L.L. Yang, Cryst. Res. Technol. 44 (2009) 87-91.

[19] J.H. Yang, J.H. Zheng, H.J. Zhai, L.L. Yang, Y.J.Zhang, J.H. Lang, M. Gao, J. Alloys and Compounds 475 (2009) 741-744.

[20] C. Wang, E. Shen, E. Wang, L. Gao, Z. Kang, C. Tian, Y. Land, C; Zhang, Mater. Lett. 56 (2005) 2867-2871.

[21] F. Sediri, N. Gharbi, J. Physics and Chemistry of Solids, 68 (2007) 1821-1829.

[22] F. Sediri, F. Touati, N. Gharbi, Mater. Lett. 61 (2007) 1946-1950.

Conclusion générale

L'objectif de ce travail est l'élaboration et la caractérisation de nanomatériaux d'oxyde de zinc ZnO cristallisés, de pureté et d'homogénéité élevées et de morphologies désirées. Pour cela, nous avons déterminé les paramètres qui ont une influence sur la morphologie et la taille des particules constituant le matériau. En effet, nous avons axé notre effort sur la maîtrise des paramètres expérimentaux régissant la synthèse de ces matériaux par la méthode hydrothermale.

Les résultats de cette étude ont montré que des baguettes, des hexagones et des ovoïdes, de dimensions nanométriques, d'oxyde de zinc ont été synthétisés. La synthèse a été effectuée à partir de $ZnCl_2$ ou $Zn(NO_3)_2.6H_2O$, comme source de zinc et du bromure de cétyltriméthylammonuim, en tant qu'agents structurants.

L'introduction du surfactant est une voie prometteuse pour le contrôle de la morphologie des ZnO nanostructurés. Il permet aussi de modifier la dimensionnalité des particules synthétisées à partir des germes. Il semble donc possible par ce processus, d'adapter la morphologie et la dimensionnalité des nanomatériaux de ZnO à leurs futures applications. Pour un rapport R égal à 0,5 des cristaux de ZnO en solution ayant une forme hexagonale aplatie ont été obtenues en solution; alors que pour un rapport égal à 1 les cristaux de ZnO en solution ont une forme ellipsoïde.

Dans le but d'optimiser les propriétés physico-chimiques et d'obtenir celles requises pour les applications en optoélectronique, nos prochains travaux consisteront à étudier l'influence d'autres types de surfactants sur la morphologie et sur la taille des particules constituant l'oxyde de zinc ZnO.

www.ingramcontent.com/pod-product-compliance
Lightning Source LLC
Chambersburg PA
CBHW021610210326
41599CB00010B/690